动物园里的朋友们

（第三辑）

我是老鼠

［俄］谢·卢基扬年科 / 文

［俄］伊·特列季亚科娃 / 图

于贺 / 译

江西美术出版社

全国百佳出版单位

我是谁？

　　有些人为自己的庞大身躯感到自豪，可我们老鼠却为自己的迷你小巧感到骄傲！世界上有许多不同的老鼠，最小的被称为巢鼠，他们差不多只有两袋茶叶包那样重（但不要把他们泡进水里呀），甚至可能和一个空信封差不多重（但你也不能把老鼠塞进邮筒里呀）。

老鼠尾巴的长度与它的身长一样。

800 只
肥肥的小家鼠差不多和你一样重。

巢鼠坐在小麦的麦穗上时，连麦秆都不会弯曲，他们也不会从麦穗上摔下来，就是如此轻盈灵巧！生活在人类住宅中的普通老鼠体格当然更大一些，差不多是巢鼠的两倍。然而不是所有的老鼠都如此迷你！

　　比如生活在高加索地区的山鼠，那可真是个大块头。他们差不多和成年人的手掌一般大，体重相当于一部小手机！有人甚至搞不清这些老鼠与家鼠的区别，但其实他们是近亲。

厘米
英寸

根据栖息地的不同，鼠有林鼠、草原鼠、田鼠、山鼠、平原鼠、沼泽鼠、沙漠鼠，还有生活在树上的棕榈鼠，甚至还有月亮鼠呢！

我们的居住地

　　无论是在炎热的南方，还是寒冷的北方，世界各地都有我们的身影。但要发现我们并不容易，不仅因为我们个头很小，还因为我们大多数时候都是晚上才离开洞穴，这一点你应该很清楚。通常我们都是自己一个人寻找食物，这让天敌更难发现我们。

　　但老鼠更喜欢一家或一群一起住在洞穴里，特别是冬天来临的时候。毕竟冬天到来之后，种子和水果就吃完了，因此需要储存大量食物来过冬。所以，即使是那些夏天喜欢独自生活的老鼠，也会在冬天即将到来时，和伙伴们聚集在一起齐心协力地填满仓库。在一起过冬会更有趣呢！

　　天气变冷时，互相依偎在一起会更容易取暖！对小老鼠来说，野外生活不但困难，还有些危险。一只生活在野外的普通老鼠通常寿命不超过1年半，但在动物园里或者家里，如果大家都爱护我们，悉心照顾我们，那我们就可以活2~3年，甚至5年呢！按照我们的标准这就是很长寿的了！

在中国，常见的鼠类约有 **30** 多种。

我们纤细的绒毛

我们老鼠是很"热情"的民族！

我们真的很热呀！一只健康小鼠的体温是 38~39℃。如果你的体温也这么高，那就说明你生病了，得了感冒，大人会让你卧床休息，还会喂你吃药。但对我们来说，这样的体温是很正常的。我们体格这么小，行动又迅速，所以我们的体温肯定会高呀。我们的心跳非常快。我们每分钟呼吸的次数多达 200 次呢！

想象一下，你说出"老鼠"这个词的时间，我们已经呼吸三四次了！

我们的毛发纤细，否则我们体温会升得过高。这在夏天当然很棒，可冬天时就不是很方便了。老鼠的皮毛有灰色的，还有黑色、棕红色、白色、红色、栗棕色的，也有花色和条纹的。

家鼠尾巴上绒毛的长度大约和
你的指甲的长度一样。

老鼠总共有 **16** 颗牙齿，是成年人牙齿数量的一半，其中有 **4** 颗门牙会一直生长。

我们的牙齿和爪子

小动物们都是用什么保护自己呢？没错，就是牙齿！

即使是一只小老鼠，可能也会咬疼你。但是，我们本身是不会主动发起攻击的，特别是对待像人类这样的庞然大物，更不会主动攻击了！但我们的牙齿是真的非常非常有趣——牙齿的生长伴随我们的一生，所以我们只能从早到晚不停地啃啃啃，这样才能把牙齿磨短。

我们还需要什么来保护自己呢？那就是爪子了！

当然，狮子或老虎看到我们的爪子后只会嘲笑我们。是呀，狮子的一只爪子比一整**只老鼠还要大**！但有需要时，我们也能用自己的爪子挠来挠去呢。

老鼠的每个前脚掌上有 **4** 根长着趾甲的脚趾，后每个后脚掌

分别长有 **5** 根脚趾。

最重要的是，我们需要爪子来攀爬。

我们可以攀上窗帘甚至是墙壁。对我们来说，树枝还有坚硬的草茎简直如同楼梯一样。这是因为我们锋利的爪子可以牢牢地抓在上面，而且身体还可以保持平衡。

为了让跑步和攀爬变得更轻松，我们还长着尾巴呢！我们的尾巴很有力，像猴子的尾巴一样灵巧。我们还可以借助尾巴保持平衡，尾巴就像走钢丝的人手里拿的平衡杆一样！

所以你猜对了吗？老鼠最主要的防御目的是摆脱天敌！

我们的感官

有时候俄罗斯人会这样说一个马虎粗心的人："你可真像老鼠一样瞎呀！"这么说可不对哦。我们可一点儿都不瞎呀，因为我们长着美丽的小眼睛。既然我们通常是在夜里离开洞穴的，就不能单纯依靠视力行动，我们的嗅觉和听觉都很优秀！

老鼠的听觉比人类敏锐多了。我们不仅能听到敌人的声音以便快速逃跑，还很喜欢音乐呢！在古时候，人们就注意到，一听到悠扬的音乐声，甚至在白天老鼠都会从洞穴里爬出来听音乐会呢！

老鼠听高音调声音的能力比人类强 **4** 倍。

呀，有些老鼠甚至会自己唱歌、吹口哨。例如，在日本就有会唱歌的老鼠，他们像鸟一样被饲养在笼子里，主人一家都能欣赏他们的歌声！

我们也可以根据气味获得很多信息。通过嗅觉，我们可以找到各种各样的美食。如果我们当中有小伙伴被吓到，他就会散发出恐惧的气味，一闻到这种气味，我们就会逃离这个地方。

除了视觉、听觉和嗅觉，老鼠还依赖于自己的触觉。借助纤细美丽的胡须，我们就能在完全黑暗的环境中定位，还可以感受到任何触碰。

老鼠遇到危险散发出的
气味可以保持 **6** 个小时。

老鼠可以清晰地
分辨出红色和

我们的智慧

你觉得我们老鼠聪明吗？明确告诉你，我们真的很聪明啊！

我们可以建造带有储藏室、厕所、卧室的精美洞穴，这些房间深入地下，冬天温暖，夏天凉爽。

在水资源稀缺的沙漠里，老鼠会在晚上把一些小小的圆形鹅卵石拖到洞口，当清晨露水凝结时，他们就可以吮吸石头上的这些甘露了。要想出这个金点子并不容易，对吧？

野外的老鼠会储存食物，但居住
在家中的老鼠却不会，
因为人类的家里始终都有食物呀。

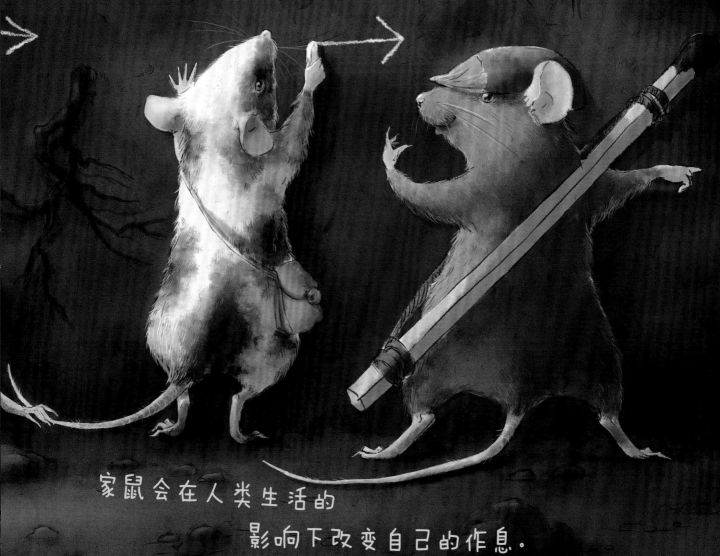

家鼠会在人类生活的
影响下改变自己的作息。

　　当然，我们有时也会争吵，甚至还会打架呢。但总的看来，老鼠还是会尽力彼此帮助。科学家进行了这样一项实验，他们在迷宫中放置几只老鼠，结果发现一些老鼠很容易就能找到出口，但其他的老鼠却很难找到出口，他们觉得道路是封闭的。而那些先出去的老鼠并没有扔下自己的伙伴，而是帮助伙伴找到逃离迷宫的路径。

我们是运动员

现在你们已经知道了，老鼠不是特别"好战"的动物。如果可能的话，我们总是会"跑"为上计，而且还跑得很快呢！

就连住在人类房子里的最普通的老鼠都能以每小时12~13千米的速度奔跑，这和一般人类跑步的速度不相上下！当然，运动员能很容易赶超我们，但如果真的要你追着老鼠跑，你能追上我们吗？让我们拭目以待吧！

另外，我们跑起来也很敏捷，可以到处绕来绕去，不停地转弯。我们个头小，所以行动敏捷，而那些个头大一点儿的动物和人类要想急转弯或者向反方向跑就要困难得多。我们非常非常擅长跑步！例如，有些老鼠在跑步时可以把尾巴贴在背上，这样就不会干扰到自己了。

我们的跳跃能力也很出色。非洲条纹鼠甚至能跳到两米半的高度呢！你能想象吗？这可比最高的成年人的身高还要高呢！如果你拥有和老鼠一样的跳跃能力，那么相当于你可以从地面跳到20层的楼顶之上！

老鼠还擅长游泳呢，它们可以
在水中连续生存**2**天左右。

家鼠可以向上
跳起**50**厘米高。

野外的老鼠挖掘的洞穴
深度可达 **50** 厘米，
长度可达一米。

我们的家

　　大家都知道我们老鼠住在老房子里。但事实上只有家鼠才住在那里（所以才被称为家鼠），而田鼠住在自己在田野里挖掘的洞穴中。林鼠则在森林里挖洞居住，还有山鼠——猜猜这是什么样的老鼠呢？是的，他们住在山上，不过山鼠一般并不会挖洞，他们居住在石头之间的缝隙中和岩石的遮挡下。还有一些老鼠喜欢住在植物上，比如巢鼠，他们会用草或树叶给自己编织像鸟巢一样的房子。

　　所以，老鼠们各不相同，住处也各具特色。

　　如果有人决定饲养宠物鼠，那么就应该把我们放在带着细网格的笼子里。可不能放在玻璃的鱼缸里呀，因为鱼缸里非常闷热，而我们喜欢呼吸新鲜空气。人们一定要在笼子里放置一个可以让我们老鼠躲藏起来的小窝，否则我们会住得非常不舒服，甚至还会产生恐惧感。而且老鼠窝的材质最好是陶瓷的，而不是木头的。你知道为什么吗？好吧，当然是因为我们会啃木头呀！

秋天，老鼠会搬到
3~5 千米之内
更温暖的住处中，
比如说乡间别墅、
岩石洞穴或谷仓。

老鼠**5**天内可以吃完和自己一样重的食物。

我们的食物

　　我们被称为啮齿动物，这么说一点儿也不夸张，因为我们真的会不停地啃东西，不仅是食物，只要是在嘴边的东西我们都要啃一啃。如果我们住在人类的房子里，那么我们就会在墙上打洞。我们还会啃书、家具、鞋子。坦白来说，我们这么做并不是出于恶意，只是因为我们是啮齿动物，牙齿一直都在生长！

1 只老鼠 1 天需要喝 1 茶匙的水。

如果什么都不啃，那我们很快就闭不上嘴巴了，因为牙齿会长得非常长！当然，我们更喜欢咀嚼一些可口的东西。在大自然里，我们可以吃到谷物、种子、坚果；如果是在人类的家中……哦！所有东西都很可口呀！面包、黄油、肉、奶酪、巧克力……还有好吃的肥皂呢！但你们人类可不要品尝肥皂哦，否则你会肚子疼！以前的房子里还有蜡烛，这也很好吃！可惜现在几乎找不到蜡烛了，只能找到一些灯泡，但它们并不好吃。

刚出生的小老鼠
体重只有老鼠妈妈
的 1/30~1/20。

我们的鼠宝宝

　　告诉我，你们有兄弟姐妹吗？我希望你们有呀，因为和兄弟姐妹们在一起会更快乐。我们老鼠一般都有兄弟姐妹。你知道为什么吗？因为老鼠妈妈一般一胎可以生5~7只老鼠宝宝，有时可达10只，甚至更多！我们刚出生时什么都看不见，而且一根毛发也没有，妈妈会照顾我们，就像所有的母亲一样，喂养、照料、温暖自己的宝宝。

老鼠宝宝出生后 **2** 周左右就能睁开眼睛了。

　　三个星期之后，老鼠宝宝就开始跑来跑去，给自己找食物吃。很快我们就会离开父母的巢穴。这是为什么呢？因为一只老鼠妈妈在一年的时间里可以生100多只老鼠！这样的家庭真的太庞大了，以至于我们常常因为没有足够的空间和食物而吵架。所以，幼鼠成长很快，出生一个月后，我们差不多就进入成年期可以独自生活了。再过3~4个月，我们就可以养育自己的宝宝了。

我们的天敌

　　或许你可以立刻说出几个我们的天敌。第一，当然是猫啦！第二就是狐狸。第三呢？就是猫头鹰一类的猛禽了。实话实说，这么多动物都是我们的天敌，我们当然很委屈呀，不过我们不会灰心丧气的！

　　大家不喜欢我们，这真的令我们非常惊讶。好吧，大家当然不会喜欢我们在他们家里啃东西……但如果我们没有这么做呢？不知道为什么，女孩都很怕我们，大象也害怕我们！是的，陆地上体格最大的哺乳动物非常不喜欢陆地上体格最小的哺乳动物。过去，人们认为大象是害怕我们会钻进他们的鼻子里。但事实可不是这样的，我们为什么要钻进他们的鼻孔里呢？

　　那女孩为什么也不喜欢我们呢？她们又不是大象！真是莫名其妙呀！

　　我们对人类来说也有益处呢！比如，在亚洲某些国家，我们被视为财富的象征，人们把我们当作宠物饲养在笼子里。我们甚至还和人类一起飞入太空。我们做了这么多好事，那可以请我们吃一块奶酪吧！

每 100 人中就有 80 人害怕老鼠。

你知道吗？

你能想象吗？
小老鼠是第一种
与人类祖先做
朋友的野生动物。

说实话，他们并不是真的在"交朋友"。几千年前，人类祖先想到可以将食物储存在洞穴中，老鼠也意识到可以从中占一些便宜呀！于是它们开始接近人类。真的很方便呢！有这样一堆美食，那就没必要再去找吃的了，一切都唾手可得。好吧，应该是唾"爪"可得。

但人类祖先不是
很喜欢这些邻居。

谁又会喜欢老鼠呢？从早到晚地工作、打猎、收集各种植物根茎、寻找浆果和蘑菇，再把食物运回家里，结果被一些"小偷"吃了几乎一半！而且老鼠（mouse）这个词原本就来源于梵文（mus），意思就是"小偷"。梵文是一种非常古老的语言，或许是世界上最古老的语言之一。

所以，几千年来老鼠都被当作小偷。

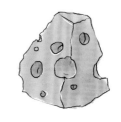

但是它们并不因此感到委屈。是呀，这可是事实，怎么会委屈它们呢？起初，它们美满幸福、无忧无虑地住在人类的洞穴里。但很快，狡猾的猫嗅到了老鼠幸福的"气味"。是的，那个时候的猫都是野生的，它们一直努力远离人类。但有一天，在猫中开始流传一些谣言，说是许多又懒又胖的老鼠居住在人类的洞穴里，而且根本没有人猎捕它们！

从此，猫就和人类一起生活了，
老鼠的幸福戛然而止。

顺便说一句，人类不但不应该指责老鼠，反而应该跟它们说一声"谢谢"。要不是老鼠，人类永远都不会和猫做朋友！大家都很喜欢猫……那你养猫吗？如果你也有猫，那就感谢老鼠吧！

老鼠会非常高兴。
你觉得它们什么都不懂？
完全不是！

老鼠虽小，但很聪明。难怪跟它们交朋友这么容易！即使是野生的成年老鼠，只要被关在笼子里2~3天，就不会再害怕自己的新主人。嗯，那些从小就和人类住在一起的小家伙，一般都是人类真正的朋友呀！

人们很早就意识到这一点了。
几百年前就把
老鼠带回家里饲养。

为了饲养属于自己的老鼠，首先要捕获它。可是老鼠真的太小了，行动又非常敏捷！好在现在没有必要自己捉老鼠了，可以买到。毕竟现在有很多人饲养宠物老鼠，这些人被称为养殖者。

第一批养殖老鼠的人
是英国人。

他们在19世纪末创立了国立老鼠俱乐部，开始养殖一些格外漂亮的老鼠，甚至还繁殖出了新的鼠种！你能想象吗？这个俱乐部一直运营到现在呢。只是目前它并不是唯一一家老鼠俱乐部了。

你知道吗？如果认真地训练老鼠，可以教会它们很多绝技呢！

在莫斯科著名的"杜罗夫爷爷的角落"动物剧院，甚至还有一条名副其实的老鼠铁路！那里有老鼠司机、老鼠乘客！想象一下：一列小火车，看起来完全像真的一样，行驶、停车、鸣笛，乘客上车、下车……但是上面都是老鼠呀！

如果你来到莫斯科，哪怕只是短暂停留，
也一定要去参观一下呀！

那里除了老鼠，还有各种各样神奇的动物。在这个剧院里，最重要的就是老鼠科学家！而且它们也一定是最聪明的。当然，为了能从老鼠里选出火车驾驶员，你必须得成为一名非常出色的驯兽师呀。不过，无论什么人，比如说你和我，都可以和老鼠和睦相处，可以教它们静静地坐在手掌、肩膀上，或从我们的手里拿走食物，这些一点儿也不困难。

还能教会它们听到召唤就跑过来呢，
虽然它们做不到像狗狗那么迅速，
毕竟它们也不是狗狗呀！

老鼠的个头要小得多，所以应该非常小心地对待它们。千万不能一把抓起小老鼠，或是把它们摔到地上。而且，任何情况下都不要抓它们的尾巴，它们会很疼、很委屈。你可能会觉得，既然这是一只老鼠，它怎么会感到委屈呢？哦，它可什么都知道呢！

我们人类和老鼠很相似呢，
而且比你想象的还要像！

一些科学家认为：如果将小老鼠放大到人类这么大，让它们依靠后腿走路，那我们与它们之间的相似之处会变得非常明显！当然，我们人类没有尾巴和漂亮的、圆圆的耳朵，我们的鼻子也没有那么好看。不过这都是相貌上的差异。如果借助一种特殊的医疗设备——X光机窥探身体内部，就会发现我们的关节和老鼠的非常相似，并且骨骼的数量也都一样，只是尺寸不同罢了。这是之前任何人都没发现的人类和老鼠的共同之处。

所以我们更应该和小老鼠们

互称"兄弟"，而不是和小狐狸们！

人们真的害怕这些兄弟们吗？嗯，你应该不害怕老鼠对吧？但可能你有一些朋友，看到这种小动物还会大声尖叫。顺便一提，老鼠可不喜欢这种尖叫声呀。不过，却没有人害怕仓鼠，这真的很奇怪呀！好吧，老鼠其实和仓鼠一样，只不过尾巴长一点儿、耳朵大一点儿罢了，当然还胖一点儿，体形大一点儿。

老鼠储存食物的能耐可不比仓鼠差！

好吧，家鼠并不需要储存食物，因为它们全年都有吃的。可野生老鼠需要照顾好自己，所以它们会准备过冬的粮食。林鼠一天能往自己的洞里拖进200个橡子！这是为什么呢？好吧，当然是它们很喜欢橡子啦！还能因为什么！

最擅长储存食物的

要属黄喉姬鼠了。

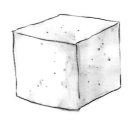

想象一下，短短两周内，几只可爱的黄喉姬鼠就能将接近8千克的各种各样的森林坚果塞进洞里！

为了过冬，两只黄喉姬鼠能储存20千克各种可口的食物。其实它们一年也吃不了这么多食物！即使它们养育了一堆幼崽，那也是吃不完的！事实证明，这些老鼠都非常谨慎，为了以防万一，它们会提前储存接下来几年的食物！

就连和人类一起生活的老鼠

有时也会储存食物。

老鼠是怎么储存食物的呀？简直令人惊叹！它们把所有的坚果、面包干、种子都整整齐齐地摆放在一起。而且不仅排放整齐，还会用布块或纸片覆盖在上面呢。

所以老鼠会扯破所有帘子！

嗯，是的，它们真的很需要布块，正常的老鼠会把所有的食物都覆盖起来！然而它们不仅需要布块和纸张来覆盖食物，要知道，老鼠妈妈对幼崽也是关怀备至的，它们努力让自己的宝宝生活得更舒适，所以又运来一堆柔软的草，还有鸟类的羽毛……甚至还可能是一块窗帘或地毯，这样会更舒适的！

老鼠的好奇心特别强。
而且它们根本不喜欢一直吃一样的
东西，和你一样，
它们也喜欢多点儿花样！

所以它们会品尝自己可以得到的一切东西。好吧，如果它们得到的只是荞麦的包装纸，为了老鼠的面子，它们也会去尝一尝的。它们还会啃书，甚至非常古老、珍贵的手稿也不知道珍惜！正是因为老鼠（也可能是因为火灾），很少有古籍能完整地保存下来。老鼠可真是把书给读出了"洞"呀！人们不得不给书装上厚厚的封皮再锁起来，再给书的边缘涂上老鼠不喜欢吃的颜料。但是，有时这也无法让书籍摆脱这些"老鼠读者"们的魔爪！

老鼠当然不会读书，
可是它们会很多别的技能！

比如它们可以引发雷电！你相信吗？是不是不相信？你说得对，关于老鼠的言论很多都是虚假的。例如，在中世纪的欧洲，许多人认为老鼠会协助巫师和女巫；还有人说老鼠会给牛羊带来伤害；甚至有人认为老鼠可以帮助那些正在长新牙的孩子们！

世界上最出名的老鼠都未必能做到这些。
你知道最出名的老鼠是谁吗？
当然是米奇啦！

但老鼠真的可以帮助科学家。有一种特殊的老鼠，它们被称为实验鼠。没有它们，我们就无法生产出新药！在俄罗斯的新西伯利亚市，人们还给这些实验鼠竖立了一座纪念碑呢。

鼠标就是为了纪念老鼠而被命名的。

大约50年前，一个名叫道格拉斯·恩格尔巴特的人发明了鼠标。也许他很喜欢老鼠？但其实电脑鼠标看起来并不像真正的老鼠。虽然鼠标也有尾巴……但还是老鼠更可爱呀！

不久之前，考古学家发现了青铜鼠！

这只"老鼠"有着3000多年的历史！这不仅仅是一个小工艺品，还是一枚曾经用来装饰女性服饰的胸针呢。更重要的是，这只青铜老鼠和米老鼠长得一模一样！但从第一部米老鼠动画片问世到现在还不到100年呢！

你知道最好笑的是什么吗？

米奇的创作者华特·迪士尼

其实特别害怕老鼠！

但现在我们已经知道

老鼠一点儿都不可怕，

而且还是一种非常有趣、值得尊重的小动物呢！

你说什么？ 我们个头太小？
可是我们勇敢、机智又灵活呀！
就把我们作为你的榜样吧！

再见啦！
我们在村子里见吧！

动物园里的朋友们

本套书共三辑，每辑 10 册，共 30 册。明星作者以第一人称讲故事的形式，展现每个动物最与众不同、最神奇可爱的一面，介绍了每种动物的种类、生活环境、形态特征、生活习性等各方面。让孩子们足不出户也能了解新奇有趣的动物知识。

第一辑（共 10 册）

我是企鹅　我是狐狸　我是刺猬　我是老虎　我是蝙蝠　我是山羊

我是松鼠　我是狮子　我是北极熊　我是大熊猫

第二辑（共 10 册）

我是海豚　我是河马　我是猫　我是蛇　我是长颈鹿　我是驼鹿

我是蚊子　我是蝴蝶　我是浣熊　我是麝鼹

第三辑（共 10 册）

我是小熊猫　我是大象　我是长尾猴　我是斗牛犬　我是考拉　我是树懒

我是袋熊　我是蚂蚁　我是老鼠　我是臭鼬

图书在版编目（CIP）数据

　　动物园里的朋友们．第三辑．我是老鼠 ／（俄罗斯）
谢·卢基扬年科文；于贺译．-- 南昌：江西美术出版
社，2020.11
　　ISBN 978-7-5480-7515-8

　　Ⅰ．①动… Ⅱ．①谢… ②于… Ⅲ．①动物—儿童读
物②鼠科—儿童读物 Ⅳ．① Q95-49

　　中国版本图书馆 CIP 数据核字 (2020) 第 067709 号

版权合同登记号　14-2020-0156

Я мышь
© Lukyanenko S., text, 2017
© Tretyakova E., illustrations, 2017
© Publisher Georgy Gupalo, design, 2017
© OOO Alpina Publisher, 2017
The author of idea and project manager Georgy Gupalo
Simplified Chinese copyright © 2020 by Beijing Balala Culture Development Co., Ltd.
The simplified Chinese translation rights arranged through Rightol Media（本书中文简体版权经由锐拓
传媒旗下小锐取得Email:copyright@rightol.com）

出 品 人：周建森
企　　划：北京江美长风文化传播有限公司
策　　划：巴拉拉
责任编辑：楚天顺 朱鲁巍
特约编辑：石　颖 吴　迪 王　毅
美术编辑：童　磊 周伶俐
责任印制：谭　勋

动物园里的朋友们（第三辑） 我是老鼠
DONGWUYUAN LI DE PENGYOUMEN (DI SAN JI) WO SHI LAOSHU

［俄］谢·卢基扬年科 / 文　［俄］伊·特列季亚科娃 / 图　于贺 / 译

出　　版：江西美术出版社	印　　刷：北京宝丰印刷有限公司		
地　　址：江西省南昌市子安路 66 号	版　　次：2020 年 11 月第 1 版		
网　　址：www.jxfinearts.com	印　　次：2020 年 11 月第 1 次印刷		
电子信箱：jxms163@163.com	开　　本：889mm×1194mm 1/16		
电　　话：0791-86566274 010-82093785	总 印 张：20		
发　　行：010-64926438	ISBN 978-7-5480-7515-8		
邮　　编：330025	定　　价：168.00 元（全 10 册）		
经　　销：全国新华书店			